上坂すみれの文化部は大阪を歩く
上坂すみれの
文化部は夜歩く
編
impress R&D
An impress Group Company
JN206652

Contents

第一部／ロリータの部

第二部／ソビエト・ロシアの部

第一部／ロリータの部

ロリータファッションショー@うめきたガーデン

上坂すみれインタビュー①

――ロリータの部、というか大阪イベントのこと覚えてらっしゃいますか？随分前のような気がしますが。

覚えてますよ！大丈夫です。肌寒かったですよね。私が着させていただいた衣装って、ショー限定の一般販売していないようなもので、パニエも特別ですごくゴージャスな気分で。ベイビーのショーやお茶会は大体屋内でやるものだったので、まさか屋外、それも工事現場のような場所で着替えることになるとは……ワイルドなファッションショーでした。

――かなぺの衣装はどうでしたか？

かなぺはゴシックが似合いますね！ロシアの部で着ていたスチームパンク風の衣装も似合っていましたけど、彼女は黒が合うなと思いました。つけまつげもしていたんですけど、かなぺさんはつけまつげが似合うのもいいなって思いました。

――他にもモデルの方がいらっしゃいましたよね。文化部的には初の試みだったわけですが。

今回はオーソドックスなものから一番新しいデザインまでバリエーションが豊かだったので、モデルさんの人数はそれほど多くなかったですけれど、ベイビーやパイレーツのいろんな良さを観ることが出来て良かったです。特に男性はあまりロリータを身近に観ることはないと思うので。

第二部／ソビエト・ロシアの部

ゲスト：斎藤勉（産業経済新聞社）

合宿発表

上坂　ラジオをお聞きの皆さん、こんばんは！Добрый вечер！そして、大阪府松原市文化会館にお集まりの皆さん、こんばんは！Добрый вечер！

観客　Добрый вечер！

上坂　パーソナリティーの上坂すみれです。よろしくお願いします。

早瀬　皆さんこんばんは、Добрый вечер！アシスタントの早瀬かなです。収録しているのは2017年3月18日、松原市文化会館。初の大阪公開録音イベントの模様をお届けいたします。

上坂　すごいですね。法被の人や、あんこう踊り[1]の人もいて。

早瀬　本当だ！

上坂　……手に負えない奴らだ……。

早瀬　（爆笑）

上坂　「手に負えない奴ら」が集まってくださったんですね。あ！『毛深い[2]』っていう団扇がある。恥ずかしい！しまいなさーい！……ありがとうございます。

早瀬　さあ！そんな公開録音の今日は、重大な告知がございます！

上坂　『え、終わっちゃうの～！？』

観客　（どよめき）

上坂　『文化部終わっちゃうの～！？今までありがとうー！（涙）』

早瀬　発表しちゃいますよ？

上坂　お願いします！

早瀬　『「上坂すみれの文化部は夜歩く」は番組開始から１年。来年度も更に活発な部活動を展開していきます。そして文化部１周年を記念してビッグな企画が決定しま

1.「ア・ア・アンアン～♪」でおなじみ、”あんこう音頭”に合わせて踊る、大洗女子学園伝統の謎のパフォーマンス。アニメ『ガールズ&パンツァー』劇中ではテレビ版第４話が初出。第９話のプラウダ高校戦では、廃墟の教会で包囲された際の士気向上にも貢献した。

2.カワイイと言われるのが苦手なので毛深いと言い換える、という趣旨なわけですが結局こうやって恥ずかしがっているのではまったく同じではありますまいか（名推理）

藤宮めぐるさん（すみぺ美術部より）

した！』

上坂　おお～！

早瀬　『部活動と言えば「合宿」！文化部の合宿[3]が決定しました！』

上坂　出たー！

観客　（拍手喝采）

上坂　合宿！本当にやるんだ！ど、どんな合宿？

早瀬　『気になる場所は……茨城県大洗[4]！』

上坂　きたー！やったー！

早瀬　……と言っても、全く“あの作品”[5]とは関係ありませんが！

上坂　うっそー！無くはないですよ。

早瀬　上坂すみれさん、大洗初上陸です。

上坂　やったー！初めてなんです。嬉しい。やっと行ける！

早瀬　『この文化部合宿、日付は5月27日と28日の一泊二日の日程で行われます。合宿は27日の朝、東京からバス6台に分乗し、1台ごとに『ロシア・ソビエト部』『萌

---

3. ホントにやるのかよと思っていたこの合宿、ご存じの通り実際に行われました。ガルパンの杉山プロデューサーをはじめ、物理学者の多田将氏、イタリア軍研究の第一人者吉川和篤氏などなど、ガチすぎる人選の講師の皆さんと楽しい合宿が行われたようです。注釈子も行きたかった……。

4. 茨城県東茨城郡大洗町。茨城県東部、鹿島灘に面した海際の町。大洗海水浴場は栃木県民の海だったりして、以前から観光客を受け入れる素地はありました。また近年は水族館のアクアワールド大洗ができましたね。パワプロ大好き井川慶・デーブ大久保博元というプロ野球選手を輩出したことでも知られています。最近は市内で戦車戦したり神社の石段を戦車で駆け下りたりする女子の部活動や、それ目当てのおじさんたちが大挙して訪れています。いったい何パンおじさんなんだ！

5. 隠す意味がどれほどあるのか、というか大人の事情？まあともかく、あえて言うまでもありませんが『ガールズ&パンツァー』のことですね。

えミリタリー部』『ガチミリタリー部』『格闘技部』『鉄道研究部』『美術コスプレ部』と、各部に分かれ、それぞれの専任講師とともに一日各部の研究をし……、』

上坂　私と一緒じゃないんだ（笑）！私は何をするの？

早瀬　『……そして夕方、大洗に到着。夜は夕食後、各部の専任講師と共に「上坂すみれの文化部は夜歩くサミット」[6.]を開催します。翌日は、初日に各部で研究したテーマを元に、研究成果を発表する「研究発表会」を開催します。』

上坂　過酷な合宿！大学のゼミ合宿みたいですね。

早瀬　すごく頑張らないといけないですよ。

上坂　楽しい合宿じゃないんですか？みんなで枕投げするんじゃないの？

早瀬　『ガンガン勉強しないといけないという合宿です。皆さん、夜通しで研究成果をまとめて下さい。』

上坂　えー！遊ばないのー？きっつーい。

早瀬　『午後は大洗の街を散策するなどして、東京に戻ってくるという日程です。なお、文化部合宿は4月1日から10日までVステホームページでプレオーダーを受け付けます。注目の料金もその時発表します！[7.]』

観客　（どよめく）

上坂　こ、怖い……。

早瀬　『各部の専任講師は、来週以降のゲストとしてお呼びしていきますので皆さんお楽しみに！』

上坂　私は携われるのかな？

早瀬　もちろん！

上坂　みんなと遊べるのかな？

早瀬　遊びたいですね。

上坂　だって、みんなは夜通し研究してるんでしょ？私、1人で晩酌するの？

早瀬　「ちゃんとやってるか？」って見回りにいけばいいのでは？

上坂　確かに。みんなに酒を配りにいこう。「先生の～酒が飲めねえのか～」って。「全然足んねえぞ！」って。4月にね、私のファンクラブでバスツアー[8.]というものには行くんですけど。

---

6. そしてこのサミットの模様を収録した書籍は本書籍同様今冬発売予定！

7. 料金は49,800円（税込）。なんだ内容を考えると超安いじゃん！（グルグル目）

8. 上坂すみれオフィシャルファンクラブ「コルホーズの玉ねぎ畑」による「コル玉バスツアー in 山梨～お前は山梨おくりだ～」のこと。同志すみぺと共に山梨名物のケヤキの本数を数えるツアーかと思いきや、一緒にバーベキューとかいちご狩りができるとある。いや、そんなの嘘だ！資本主義者の謀略宣伝だ！これは強制労働の一環なんだ！だまされないぞ、おれは詳しいんだ！……ツアーは無事4月16日（日）に催行され、大変好評だった模様。

もりたさん（すみペ美術部より）

早瀬　いちご狩り！

上坂　そう、「コル玉バスツアーin山梨〜お前は山梨おくりだ！〜」に。

早瀬　いいなあ〜。

上坂　え？あなたは来ないでしょ？

早瀬　山梨送りにされたかった〜。

上坂　そう、山梨送り[9]になるんです。でも合宿っていうのはお泊りですもんね。濃ゆい文化部だし、濃ゆいイベントになりそうですね。楽しみです。

早瀬　5月27日、28日なので、有給をとったり、いろいろ準備をお願いしますね。

上坂　エグい！値段も言わずに、まずは休みを取れ、と。続報をお待ちください。

早瀬　はい！「上坂すみれの文化部は夜歩く」は、私たちがお届けする日本一知的なアニラジです。ただし『知的』と言ってもいろいろあります。今宵はどんな知的なトークになるのでしょうか。それではそろそろ始めて行きましょう！30分お付き合いください！

“ゆるふわ”と“つるふさ”

上坂　ではゲストの方の登場です！拍手でお迎えください！どうぞ！！

9. もちろんこれはソ連名物シベリア送りのことを意味して（銃声）

SKYさん（すみぺ美術部より）

斎藤　産経新聞[10]の斎藤でございます。こんばんは。Добрый вечер！

上坂・早瀬・観客　Добрый вечер！

斎藤　うめきたガーデン[11]では、皆さまご苦労様でございました。あのガーデン、実は産経新聞グループがやっておりまして、私はその実行委員会の会長でございます。明日も明後日も行っていただくといいんですが……。この後、うめきたガーデンはいったん休憩して、3月の28日からもう一回始めます。ぜひもう一度、東京からも来て、見ていただければと思います。よろしくお願いします。

上坂　本日の文化部は産経新聞の斎藤勉さんにお越しいただきました。斎藤さんと言えばやはりソ連崩壊のスクープなどで名を馳せた方ですが、まずはかなっぺさんから文化的プロフィールをご紹介してください。

早瀬　斎藤さんの文化的プロフィールです。1949年生まれ。埼玉県熊谷市出身。東京外国語大学卒業後、産経新聞社に入社。ソ連とロシアに特派員として通算8年半近く在住し、ソ連崩壊を世界に先駆けてスクープ。著書に『スターリン秘録』、『日露外交』など。現在は産業経済新聞社専務取締役大阪代表です。

---

10. 産経新聞はながらくiPhone用の無料新聞購読アプリを配信していたり、Microsoftと組んでニュース配信をしていたり、インターネッツではお世話になった人も多いメディア配信企業であります。ちなみにフジテレビの子会社とかいうわけではなく、当然産経新聞が先にスタートしております（産経新聞の前身・日本工業新聞は1933年発刊）。

11. ここでお届けしているソ連編の前座……ではなく第一部として行われた「上坂すみれの文化部は夜歩く in 大阪　第一部 ロリータの部」の会場。ちなみに東京で行われる「大手町を歩く」の会場も、フジサンケイグループのサンケイホールです。

上坂　なぜ「専務取締役大阪代表」の方がアニラジに……。いつもはもうちょっと“ゆるふわ”な番組なんですけれど。何といっても今年はロシア革命100周年！という事もあって、斎藤さんにはお聞きしたいことがたくさんあるんです。ソ連崩壊のスクープとか。あと『スターリン秘録』は名著オブ名著です。私の学校の図書館にもありました。ロシア革命100周年は産経新聞でも連載が載りましたね。

斎藤　上・中・下と三回やりまして、今のモスクワ支局長が書きました。私は何もタッチしてません！

上坂　ロシア革命[12.]については聞いても大丈夫ですか？

斎藤　もう100年前[13.]の話ですからねぇ、まだ生まれてませんので。

上坂　私も生まれていないんですけれども（笑）。今日はぜひともロシア革命100周年スペシャルということでお話ししていただければと思います。何から聞けばいいかな。

早瀬　そもそも100年前にロシアでどんな革命がおこったんですか？

斎藤　……え？

観客　（笑）

斎藤　普通はまあ……中学校の教科書[14.]くらいには書いてありますけどね。

上坂　ナゲットを揚げるのに忙しかったんですね。

斎藤　ソ連[15.]っていうのは知っていますよね？

---

12. ロシア帝国に君臨していたロマノフ王朝を、レーニン率いる共産党が打倒して政権を奪った革命……教科書的にいうとこういうことになるし間違ってはいないのだが、このあと出てくるラスプーチンをはじめ、興味深いエピソードは盛りだくさんである。世界三大革命のひとつ（あとはフランス革命とアメリカ独立戦争……いや諸説あるからまあいいや）。逸話をひとつ挙げておくと、革命が起きる遠因のひとつに日露戦争における日本の勝利もあるとされている。なお革命後、日本側は「あの夢をもう一度」とばかりにシベリアに軍隊を送り（シベリア出兵）、新しく誕生したソ連政府に対するいやがらせを積極的に行ったことも覚えておこう。

13. 1917年というと、世界は史上初の「世界大戦（いわゆる第一次世界大戦）」のまっただ中。アメリカ参戦により、戦局が大きく英仏側に傾くきっかけとなった年でもある。直接的には、ロシア革命の勃発は第一次大戦の影響による。わが日本にはなじみの薄いWW1であるが、よく知られているようにドイツ帝国領の南洋諸島をわがものにしたり、大英帝国の求めに応じて欧州に海軍を派遣したりする形で参戦していた。第一次世界大戦は戦車、毒ガス、航空機などの当時最新の兵器が投入され、国家の工業力、人的リソースを含めた「国力」の争いとなった。戦争が戦場だけで戦われた時代は終わったのである。長期にわたった戦争は「国家総力戦」の様相を呈する。これはのちの第二次世界大戦において、戦場以外の都市や工場を爆撃し、敵国の国力そのものにダメージを与えようという「戦略爆撃」構想へとつながっていく。この戦争はヨーロッパに未曾有の、つまり人類史上類を見ない被害をもたらし、「二度とこのような戦争が起きないように」とウィルソン米大統領の提案で初の国際組織「国際連盟」が結成された。なお、第一次世界大戦の終戦から第二次世界大戦の開戦まではわずか19年ほどであった。

14. まあ書いてあるとは思うけど、正直日本の義務教育における歴史教育って近代史はずいぶんテキトーですからね……。正直奈良時代の仏像の形式を覚えるよりも、戦後の歴史をしっかり勉強することがどれだけ大切なことか。

15. 正式名称はソビエト社会主義共和国連邦。ロシア革命によって誕生した、世界史上最大の「実験国家」。革命当時理論上の存在でしかなかった「共産主義」を、実際の国政上で適用してみようという壮大な実験であった。革命による新政府樹立からおよそ70年、世界の一方の旗頭として旧東側諸国を糾合し、アメリカ率いる西側（自由主義・資本主義陣営）と政治・経済・軍事とさまざまな方面で争いを繰り広げた。意外なところでは、宇宙開発競争なんかも国家の威信をかけた東西両陣営の戦いでしたね。あとオリンピックもか。東側はステートアマとよばれる「身分はアマチュア、でも実際は国が100％援助」というアスリートが養成され、オリンピックの舞台を彩った。まあ実際にはドーピングとかいろんな問題も裏にありましたが……。結果的には冷戦に敗れた旧東側・共産圏が崩壊したこと

早瀬　はい！

斎藤　今のロシアの前が「ソ連」っていう国で、そのソ連が崩壊して今年でちょうど26年目です。

早瀬　崩壊したのは1991年ですよね。

斎藤　そうです。さすがですね！1917年にロシア革命が起きて、それまでのロシア帝国[16.]がなくなりました。ロシア帝国がソ連に移行していく、その革命のことを「ロシア革命」というわけです……あ、それマトリョーシカですか？（机の上に並べられたマトリョーシカを手に取る）

早瀬　そうなんですよ！

斎藤　これはマトリョーシカ[17.]という“くり抜き人形”でございますが……一番向こうはレーニン[18.]ですか？

上坂　それで一番小さいのが……。

早瀬　スターリン[19.]ですかね？

上坂　（早瀬に）これが、レーニン。

斎藤　そして、このレーニンがやったのがロシア革命です。この人が指導して、帝政ロシアを滅亡させた。そして次に登場したのがスターリン。

で決着がついたわけだが、共産主義を擁護する観点からは「ソ連では真の共産主義は実現していなかった」という意見もある。「ソ連」という国家、存在がどのような歴史的・政治思想史的意義をもっていたかを判断するには、さらなる検証を待たねばならないだろう。

16. ロシアの歴史はヴァリヤーグの英雄リューリクがノブゴロド大公国を建てた9世紀にさかのぼるが、実際に世界史に影響を及ぼしはじめるのは「タタールのくびき」と呼ばれる旧モンゴル帝国勢力の支配を逃れてからである（なお、最後のモンゴル系勢力であるクリミア・ハン国が滅亡するのは18世紀末。エカテリーナ二世の手による）。16世紀に登場したイワン雷帝が中央集権制を進め、1613年に成立したロマノフ王朝のピョートル大帝、エカテリーナ二世は近代化・西欧化を進めて勢力を拡大。かつて辺境でありヨーロッパの一部と見なされてもいなかったロシアが当時の国際舞台で有力なプレイヤーとして振る舞うようになる。19世紀前半にはナポレオンの侵略を退け、また中央アジア、イラン、アフガニスタンの覇権を巡ってイギリスと対立を深めていく。20世紀初頭には日露戦争での敗戦、第一次世界大戦での苦境を経て、事態はロシア革命へと進んでいく。

17. ロシア名物、入れ子人形。胴体の中央部でぱかっと半分に割れるようになっており、中には同じ形の一回り小さい人形が入っている。中の人形もまた半分に割れて……というもの。ソ連歴代書記長など、関連のある人物で一連の人形が作られている場合が多い。注釈子はビートルズのメンバーのものを見たことあります。バック・イン・ザ・USSR！

18. 本名はウラジーミル・イリイチ・ウリヤノフ。少年時代は神童とよばれ、学生時代にカール・マルクスの著作に触れて共産主義に傾倒する。二月革命、十月革命を経て権力を掌握し、ソビエト政府を樹立する。1924年、脳梗塞のために死去。革命の父・レーニンであるが、彼にしてすでに病に倒れると実権を剥奪され、誰も顧みない命令書を発していたりするのがわびしい。本人が知らないうちに権力を失った独裁者といえば、ポルトガルのサラザールが有名。

19. 本名はヨシフ・ヴィッサリオノヴィチ・ジュガシヴィリ。レーニンと共に革命運動に従事し、レーニンの死後はトロツキーとの党内闘争に勝利して権力を掌握。後に「スターリニズム」と呼ばれる恐怖政治を敷き、政敵や反体制派の知識人、軍人らを大量に処刑した「大粛清」では、70万人にもおよぶ犠牲者を出した（諸説あり）。睡眠中に起きた脳卒中のため死去するが、スターリンの眠りを妨げることを恐れた警備責任者が昼過ぎまで寝室を確認しなかったため、手当てが遅れたとも言われている。いわば自分が部下や政敵を暗殺しまくったために自分自分も暗殺を極度に恐れたのが原因だともいえる。まさに人を呪わば穴二つ。ちなみにロシア人のセカンドネーム、「〜ヴィチ」というのは「〜の息子」という意味。「セルゲーエヴィチ」はセルゲイの息子。プーチン大統領みたいに父親とファーストネームが重なると、「ウラジミール・ウラジミーロヴィチ」となる。スカンジナビア方面で「なんとかソン」という名前がたくさんあるのと、まあだいたい同じです。

早瀬　きたーーー！

斎藤　一人ひとり覚えて行きましょう。これがスターリン。次がフルシチョフ[20]。次がブレジネフ[21]。そして、ちょっと（間が）足りないんだけど[22]ゴルバチョフ[23]。

早瀬　ゴルバチョフさんですね。

上坂　まあ、二人位飛んでますけど。ちょっと短命な方が。

斎藤　あと二人位間にいるんですけどね。ここにちょっとした特徴があるんですけど、なんだかわかりますか？

上坂　特徴？

早瀬　頭髪ですか？

上坂　出た！「つるふさの法則」！！

斎藤　ない、ある、ない、ある、ない……。

上坂　確かに！

斎藤　これだけ言ったら私、今日は帰ろうと思っていたんですけどね。

上坂　今日はいっぱい聞きたいことがあるのに！

新聞記者とウォッカ

早瀬　そうなんです。斎藤さんをお迎えするにあたって、上坂さんは斎藤さんとソ連についてお話したいトークテーマを考えて下さいました。それが、こちらです！（スクリーンにテーマが映る）

上坂　私が言ったことを、そのまま書いてあるだけじゃないですか？ひどい！

観客　（大爆笑）

---

20. ニキータ・セルゲーエヴィチ・フルシチョフ。スターリン後の最高指導者で、「キューバ危機」の一方の主役として知られる。「デタント」とよばれる西側との関係修復を主導したが、一方でハンガリー動乱は軍事力を使って鎮圧している。明るいイメージの指導者で、このタイプの指導者の再登場はエリツィンを待たねばならない。

21. レオニード・イリイチ・ブレジネフ。前任者のフルシチョフを失脚に追い込み、コスイギンらと共に集団指導体制を敷いた。ブレジネフ時代のソ連は政治・経済共に停滞の時代といわれ、粗暴だったが明るかった前任者と比べてブレジネフの人気は低い。

22. ブレジネフとゴルバチョフの間には、元KGB議長のユーリ・ウラジーミロヴィチ・アンドロポフ、就任当初から体調不良を抱えていたコンスタンチン・ウスチーノヴィチ・チェルネンコがいる。それぞれ短期間の政権であった。

23. ミハイル・セルゲーエヴィチ・ゴルバチョフ。ソ連最後の最高指導者。グラスノスチ（情報公開）、そしてペレストロイカ（改革）を行い、経済的にどん底だったソ連の立て直しを図る。外交面でも米ソ首脳会談や核兵器削減交渉に取り組むが、結果としてベルリンの壁崩壊と東西冷戦の終結を招く。これが引き金となって国内の旧体制派による８月クーデターを引き起こしてしまう。別荘に軟禁されるが、からくも脱出に成功。しかしその間、実質的な権力はモスクワでクーデター勢力に屈せず戦っていたエリツィン・ロシア共和国大統領に移っていた。クーデターの10日後にはソ連共産党は活動停止を命じられる。旧ソ連派によるクーデターが、皮肉にもソ連の崩壊を決定づけた格好である。西側市民にとっては、「鉄のカーテン」の向こう側で姿の見えなかったソ連を改革し、開国した存在として大人気であった。「ゴルビー」という愛称を覚えている方もいるだろう。しかし西側での高評価とは逆にロシア国内では不人気で、特にプーチン大統領が「メイク・ロシア・グレート・アゲイン」をやってる最近では、ゴルバチョフは「強いソ連をぶっ壊した」としてからっきしである。政党を結成して国政に打って出たこともあったが、はかばかしくない結果であった。

早瀬　上坂すみれさんが考えたトークテーマです。『スターリンってヤバイ！』、『スターリンの面白い側近』、『スターリンに逆らった人（生き残った人、生き残れなかった人）』、『スターリンの粛正以外のヤバイ話』、『ソ連崩壊（斎藤さんの当時の秘話）』、『トロツキー[24.]、レーニンも結構ヤバイ』、『私はモロトフ[25.]が好き』。

早瀬　すごいトークテーマですね。

斎藤　いやあ、このトークテーマはヤバイ。

早瀬・上坂・観客　（大爆笑）

上坂　頭の悪そうなメモだなあ……。

斎藤　これ……私が答えられそうもないテーマばっかり……。

上坂・早瀬　えーー！

観客　（大爆笑）

---

24. レフ・ダヴィードヴィチ・トロツキー。スターリンのライバル。スターリンが「まずソ連１国で共産主義革命を徹底しよう」というスタンスだったのに対し、トロツキーは「世界に革命を！」という考え方で対立。粗野でパワフルなスターリンに対し、理論家として知られていた。ソ連を追われた後のいきさつについては本文通り。

25. 本名はヴャチェスラフ・ミハイロヴィチ・スクリャービン。第二次大戦期を通じて、外務大臣として活躍した。冬戦争（フィンランドに対するソ連の侵略）序盤のソ連軍による爆撃について、モロトフが「フィンランドの同志諸君のためにパンを投下した」と表明したため、フィンランド側は爆撃機を「モロトフのパンかご」、ソ連軍を攻撃する火炎瓶を「モロトフ・カクテル」と皮肉って呼んだ。

早瀬　でも、斎藤さん。こんなご回答をいただいたんですよね。（スクリーンに斎藤さんの回答が映る）

上坂　そうなんです。私のこの提案を受けて、斎藤さんからのご提案として「粛正の話はOK！」というお言葉をいただきまして。さらに、8年半のソ連駐在中に見てきたことをお話しましょうって言っていただいたのですが……。

斎藤　こういうことを言った覚えはありますけれど、まさかこの通りに出るとは思いませんでしたね。

早瀬・観客　（爆笑）

上坂　そのまんま出て来るんですね。

斎藤　ええ……。"無駄話"として話した、その通りに書いてありますね、これ。

上坂・早瀬・観客　（大爆笑）

上坂　主にここからお話をお聞きしたいのですが、確か「文化部エキスプレス」[26.]なるバス……あのバスに乗った人は参考資料を読んだと思うんですけれど。そこに斎藤さんの、当時の大スクープ記事[27.]が載っていました。あのスクープを入手したいきさつ、党の方針が大きく変わるとか、党大会の予定が早まるとか。ソ連の73～4年間の歴史では、なかなか考えられないことだった訳ですよね。

斎藤　まあそうですね。でも、そんな大したことじゃないんですよ？

上坂　そうなんですか？大スクープなのに。

斎藤　ウォッカ[28.]って知ってますよね？ロシアの焼酎です。一番強い奴。

上坂　ロシアの焼酎なんだ！

斎藤　そう、そのロシアの酎ハイをやりながらですね……僕はソ連には5年半くらいいたのですが、ほとんど毎晩のようにロシア人の友達や日本人の友人、情報源とウォッカを1本くらい空けていました。お酒無くしては生きられないタイプでございましてね。

上坂　さすが！

斎藤　そのウォッカ仲間たちが支えてくれたのがこのスクープです。彼らのうちの一人

---

26. 第一部のイベント終了後の17時に梅田を出発し、次の会場地となる松原へ18時到着、第二部のイベント終了後の20時15分に松原を出発。その日のうちに東京へ帰れる時間に梅田・新大阪へ到着するという、至れり尽くせりのシベリア超特急である。道中では上坂・早瀬による特別ラジオ番組も流された。

27. 1990年2月3日付の産経新聞朝刊1面に載った大スクープ「ソ連、共産党独裁を放棄へ」。その後、8月クーデターとゴルバチョフ大統領の辞任によってソ連は実際に崩壊する。

28. ウオツカ、ヴォートカなどなど。一般的には透明無味無臭で、非常に高いアルコール度数が特徴。薬草を漬け込んであるものは色も香りもある。ロシア人にとってはあらゆる意味で欠かせない「液体」で、飲用はもちろん洗剤や戦車の燃料などあらゆる用途に使用できる、というか使用しちゃう。ズブロッカとかおいしいですよね、と思ったらポーランド産だった……。ええっと、瓶入りのカクテルにして売られてるスミノフはもともとロシアのものですね。

が「近々、ソ連共産党内部で大変な変革が起きるよ」と言う事を耳打ちしてくれたんですね。あるパーティーで。

上坂　それはやっぱり毎晩の……。

斎藤　ええ、これも毎晩（ウォッカを）飲んでいるお陰です。だから新聞記者というのは、お酒を飲まないとダメですね。

早瀬　そういうものなんですね。

斎藤　ええ。ただ、最初に教えてくれた人には「私は正確には知らない。きちんとした文書を持っている人が居るかもしれないから探した方がいいいよ」と言われて。それが1990年[29.]のことですね。それであちこち出向いていたら、「おお、どこで聞いた？持ってるよ！いらっしゃい」と言われて。

上坂　おお！すごい！見せてくれるんですか？それを。

斎藤　ええ、これもまあ、ウォッカ仲間ですから。

上坂　ウォッカの力は本物なんだ！

斎藤　ただ、例えばいきなりすみれさんが「文書はありませんか？」と言っても見せてくれないと思うんです。それはやはり、お酒が為した縁でございまして。「アイツは俺にウォッカを何本くらいおごってくれたから、このくらい出そうか[30.]」というようなことがあったんだと思います。

上坂・早瀬　えーー！

斎藤　それで……あまりこういう話をしたことはないんですけれど、ソ連共産党[31.]というのは中央委員会[32.]が一番大事な組織なんです。その中央委員会の総会がありまして。（会場を指して）こういう総会で。

上坂　総会？これが？こんな感じの？

観客　（どよめく）

上坂　まあ確かに。幹部みたいな人が居ますもんね。

29.1988年から始まる「ベルリンの壁崩壊」と東欧の民主化の波が一段落つき、1989年には米ソ首脳会談によって「冷戦の終結」が宣言される。翌1991年には8月クーデターが起きて実際にソ連が崩壊するわけで、まさに1990年は「ソ連最後の日々」であったわけだ。

30. 注釈子が聞いた話でも、とりあえずウォッカはボトル単位で開けないと話にならないらしいですね。さんざん飲まされてホテルに帰ってきたらベッドサイドテーブルにまたウォッカがボトルでおいてあったり、気がついたら妙齢の女性が勝手にドアを開けて（以下同志人民委員会による規制）。

31. ソ連を一党支配体制のもとに統治していたソ連共産党。今、日本や西側諸国にある「政党」とは根本的に違うものだという理解が必要。「党は国家なり」という言葉は伊達ではなく、あらゆる行政、産業、軍事、経済の場面に党が直接的な影響力を行使し、共産党書記長＝国家最高指導者を頂点としたピラミッド型の上意下達組織である。ソ連型の社会では、社会的な成功を考えるなら共産党に入党するのは不文律であった。その共産党が一党独裁を放棄する、というのは社会の仕組みを根底から変えるできごとであり、世紀の大スクープだったのである。

32. ソビエト連邦共産党中央委員会。ソ連共産党の最高意思決定機関、ということはソ連という国そのものの最高意思決定機関。とはいえ実際にはほとんど機能せず、政治局がすべてを決定していた。開催は年1回程度、政治局が決めた事項を追認するシャンシャン総会である。

もりたさん（すみぺ美術部より）

斎藤　ええ、そうですね。

上坂　今日もちらほら軍服率が。

斎藤　ええ。いいですね〜。あ、（ロシアの）帽子被ってますね。

上坂　格好いいですね。

斎藤　すごいオタクですねぇ。

上坂・早瀬・観客　（大爆笑＆観客は拍手）

斎藤　僕もソ連やロシアは嫌いではないですが、日常であああいう帽子を被ることはありませんでした。すごいですねぇ。

上坂　でもテンションが上がりますね。ああいう帽子とか制服は、手に入れることができたんですか？

斎藤　売っていたので、僕も買ってましたよ。

上坂　当時のソ連でも売っていたんですか？

斎藤　売っていました。全部、ソ連の宣伝になりますから。ちゃんとデパートやお店で売っていました。

上坂　宣伝の一環だったんですね。

プーチンさんお渡し会

斎藤　特に私は頭が寒いもんですから（笑）。帽子は若いころから必需品なんです。だから帽子[33]はいろいろと持っています。で、何の話だったかな……。ああ、そうだ！

上坂　大スクープとなった文書！

斎藤　そうです。それで、その文書を持っている人のところへ行ったわけです。名前はちょっと明かせませんが……。そしたらその方から、「この文書は１部しかないのでやるわけにはいかない」と言われまして。当時、コピー機というのは今ほどあちこちにはなかったんですね。コピーっていうのは、情報を拡散するための道具ですから。

上坂　それは、ソ連的にダメですね。

斎藤　のちには（産経新聞の支局にも）コピー機も入りましたが、その頃は全然なかったんです。それで、「今から肝心なところを私が読み上げるから、書き取ってくれ」と言われました。

上坂　おお！それは緊張の一瞬ですね。

斎藤　緊張の一瞬です。私、東京外語大[34]のロシア語科を出たことになっていますが……。

観客　（笑）

斎藤　……ロシア語を人から聞いて書き取るなんて、したことなかったんですね。

早瀬　そうなんですね（驚）！

斎藤　それでまた焦った訳ですよ。まず「これはヤバイ！」と思いまして。それで、この産経新聞のメモ帳を（実物を見せながら）出しましてね。「じゃあどうぞやってください。スタート」と言って。なるべくゆっくりお願いします、ということは言いましたけど。

上坂　それは直接会って、読み上げてもらったんですか？

斎藤　そうです。

上坂　電話じゃなくて？

斎藤　会いに行くために電話で連絡したんです。で、「じゃあ今から行くぞ」と。ところが私は東京外語大出身といっても出来の悪い学生でしたから。いざ読み上げてもらっても、単語も覚えていなくて……。

上坂　でも、ソ連に５年以上いらっしゃったから。

---

33. ロシアの帽子といえば、あの毛皮モコモコのアレである。ウシャンカと呼ばれるものは、丸い毛皮の帽子の両サイドに長い垂れがついていて、あごの下で結んだり頭のてっぺんで結んだりできる。ソ連軍を経て、今のロシア軍でも正式装備の一環。将校用は本皮だが、下士官・兵用はアクリルだそうである。世知辛い。耳あてがなくて背が高いのがパパーハ。銀狐のパパーハとか、すごいオシャレでいいですよね。女性に映えるというか。

34. 日本における外国語教育の最高峰。マイナーな言語の専攻科もきちんと存在する。世界各国から留学生が集うことでも知られ、大学祭「外語祭」では世界中の食べ物が楽しめる露店が出る。

斎藤　わからないところはカタカナですよ。ひらがなとカタカナ。後でちゃんとまとめればいいと思って書き取っていたのですが、手が汗でびっしょりになっちゃいましてね。かなり字がにじんでましたね。それをちゃんとした文章に直して。慌てて送った原稿が、そこにある記事、ということでございました。

上坂　あの記事は凄い反響がありましたか？

斎藤　まず、「これはとんでもない情報をもらった！」と思いました。ソ連共産党が共産党でなくなる、ということはソ連が共産党の国ではなくなるという話ですから。ソ連には共産党一党しかありません。日本みたいに自民党[35.]があり、共産党[36.]があり、民主党[37.]……あ、民主党は潰れたか。そういう複数政党制[38.]ではない訳です。

観客・上坂　（笑）。

斎藤　ソ連は一党独裁[39.]で、僕が書いたのはソ連共産党が一党独裁を放棄しますよという原稿です。もう、ソ連がソ連でなくなっちゃう、つまりソ連崩壊[40.]ということなので。

早瀬　それって、そんなに悲しいことなんですか？

上坂　（泣きそうな声で）なんか切ないですね。そういう話って。

---

35. 自由民主党。実は自由党と民主党が合併してできたので、「自由」「民主」党なのである。現在の民進党（旧民主党）が寄せ集めだの思想信条がバラバラだのと（特に保守側からの）非難を受けているが、自民党だって人のことは全然言えない。まあ、その幅広さが旧55年体制では「党内野党」として機能していたという面もあるのだが。

36. 日本共産党。1922年の結成以来、戦前戦中は国家による度重なる弾圧を受けた。いわゆる治安維持法は、共産党をはじめとした共産主義者・社会主義者・無政府主義者を取り締まるための法律として制定された。戦後になって合法化。以来特に地方自治体レベルでは生活者目線での地道な活動を高く評価されることも多い。暴力による革命は現在では否定する立場。旧ソ連共産党、中国共産党とはそれぞれ距離を置き、独自の立場で活動している。第二次安倍政権下では、他の野党に「野党共闘・国民連合政府」を訴え、選挙協力を行った。今後の国政選挙でどのような戦略を見せるか、注目されている。なお国政レベルの政党で「共産党」という名前が残っているのは、実は旧西側では非常に珍しい。

37. 民主党でウィキペディアを検索すると、世界各国の民主党が星の数ほど出てくる。ってか日本だけでもけっこうな項目数がありますね……前述の現・自民党である民主党を含めてもたくさん。えー、今の民進党であるところの旧民主党は、小沢一郎一派から前原誠司などの右寄り、旧社民連の菅直人などの左寄りと見なされる勢力の寄り合い所帯である。「政権交代のために、非自民党勢力を糾合した」ということ自体は非難されるべきでもないし実際に政権交代は果たしたのであるが……というのは2017年7月の状況であり、今後どうなっていくのかは神ならぬ身の注釈子にはわかりません。

38. 考え方や政治信条によってさまざまな政党がある、といういわゆる西側民主主義国では当然の政治体制。一党独裁と思われている中国にも共産党以外の政党は存在するが、実質的な政党としての役割は持っていない。

39. では一党独裁制がなにかというと、端的に言えば「共産党以外は非合法」ということ。先に挙げた中国では憲法上「結社の自由」はあるとされているが、共産党以外の政党を新たに立ち上げることは禁止されている。存在を許されているのは国共内戦当時に存在した党派のみ。

40. 前述のように、ソ連崩壊は突然のことであった。ゴルバチョフのペレストロイカはソフトランディングを目指していたのは間違いないが、実際には反動勢力のクーデターを契機に急進派のエリツィンが権力を握る形で急激に崩壊へと至った。斎藤記者へ情報をリークした「飲み友達」は、あるいはこのような情報をリークすることで徐々に一党独裁体制を解体しよう、という意思があったのだろうか。

斎藤　ええ。あのプーチン[41]さんが大変悲しみまして。「ソ連崩壊はカタストロフィーだ」と言いました。

上坂　ええーん（涙）。

斎藤　大惨事ということですね。

観客・早瀬　（笑）

上坂　わかる〜。

早瀬　こうやって、泣いてくれる人もいるんだ。

上坂　私はソ連が崩壊する一週間前に生まれたので、実感は無いんです。だから、あくまで後追いですけれども。あんなにレーニンたちが……まあ、レーニンの時代の前ですが、労働者がパンを求めて行列[42]して、やっと労働者の国を未熟ながらも作った。その74年後にはもう、腐敗しきった老人ばかりの共産党が潰れていくというのが、悲しくて悲しくて。それを勉強した時にはショックを受けました。

斎藤　それはショックな話ですね。じゃあ、すみれさんはソ連が残ったほうがいいと思っていたんですか？

上坂　いや、それはそれできついんですけれど。

観客　（爆笑）

上坂　そうすると、なかなかロシアにも行けなくなってしまうので。ソ連のままだと、MiG[43]とかスホーイ[44]も、“謎の戦闘機”みたいな感じで、わからなかった訳ですから。情報が開示されたのは非常にありがたく、かつだからこそ感じられるこの胸の痛み……今は亡きソ連というものを……。

早瀬　そんなに深い？

斎藤　深いですね。

---

41. ウラジーミル・ウラジーミロヴィチ・プーチン。現役のソ連……じゃなかったロシア大統領。現在、その知名度と権力が非常に高いレベルで一致した、地上で最も強力な権力者といっていいのではないだろうか。大統領を連続して勤めてはいけないという法律をかいくぐるために、自分は首相（ランクは大統領より下）になり、手下のメドベージェフを大統領にしておいて、任期終了後に交代するという民主主義国とはとても思えない手を使ったりした。元KGBのエージェントでもある。柔道を好み、来日時に柔道の聖地講道館を訪れた際に名誉六段を授けられそうになったが、「わたしは柔道家であり、六段が持つ意味をよく知っている。自ら研鑽を積み、その資格ができたら改めて六段位をいただく」と謝絶した。また自らの「強さ」をアピールする宣伝活動を多く行い、裸で馬に乗ったりする写真がときどき報道に載っててむやみに面白い。あんまりいうとアレだけど、指導者の肉体的強力さをアピールする必要がある国家の性質ということに思いを馳せると……。

42. 同志すみぺは帝政ロシアの行列にノスタルジーを感じておられるかもしれませんが、行列はソ連での名物でもありまして。アネクドート（ソ連ギャグ小話）のネタにもなってますね。たとえば「食料品店の行列にキレた男。クレムリンの最高指導者をブチ殺してやる！と斧を手に出かけたが、『クレムリンの行列の方が長かったよ……』と帰ってきたとさ」みたいにね。

43. ミグ。「ミコヤン・グレヴィッチ設計局」の頭文字をとった略称。特に戦闘機の開発に長けており、朝鮮戦争でB-29を蠅のように叩き落したミグ15、ベトナム戦争から冷戦後まで働き続けたミグ21、日本に亡命してきた高高度戦闘機ミグ25、ソ連最後の主力戦闘機ミグ29と馴染み深い名前が並ぶ。

44. こちらもスホーイ設計局の名前から。東側のベストセラー対地攻撃機スホーイ25、現在も現役として大活躍中の戦闘機スホーイ30などが有名。

もりたさん（すみぺ美術部より）

上坂　調べれば調べるほど悲しい歴史ですね。ロシアに共産主義はとても不向きだという文章を良く見ますが、やっぱり向いていなかったんですか？

斎藤　プーチンさんが聞いたら泣いて喜びそうな話ですね。

観客・上坂・早瀬　（大爆笑）

上坂　プーチンさんと対面お渡し会[45.]とか。

観客　（拍手）

上坂　行きたいなあ！でも、いざプーチンさんを目の前にしたら「応援してます」くらいしか言えない。

早瀬・観客　（笑）

斎藤　プーチンさん、今奥様と別れられて独身でございますから。

上坂・早瀬　うおおお〜！！

斎藤　ただ、すみれさんと同じくらいの年のお嬢さんが二人いらっしゃるから。その辺がネックかとは思いますが。一応、ソ連、ロシアに行ってアタックする価値は充分あるかな、と。

上坂　あの……私、推し[46.]に接近できないタイプなので。遠くから見ているのがちょうどいいです。だから演説を見るだけで充分ですね、私は。

斎藤　そうですか。

上坂　そうです。お気遣いありがとうございます。

---

45. 説明の必要はあまりないかもですが、声優さんアイドルさんと直接ふれあえる機会のひとつですよね。しかしプーチン大統領と差し向かいで何をもらえるというのか……。

46. 推しキャラ、推しメンに密着したい人と距離を置いて「尊い……」っていいたいタイプの人とわかれますよね。後者のほうが安全安心ですが。

言論の自由

斎藤　今、プーチンさんの話が出たので、これだけは今日のリスナーの皆さんにお伝えをしようかと。今、ロシアといえばプーチンさんですよね？そしてロシア革命が起こる前、帝政ロシアにラスプーチン[47.]っていう人物がいたんです。

上坂　ロシアの怪僧ラスプーチン！

斎藤　怪僧（笑）。彼がどういう人かはご存知とは思いますが、帝政ロシア最後の皇帝であるニコライ２世と、その后であるアレクサンドラ……彼女はイギリスの王室から嫁いできた人なんですけれど……、この人に取り入った人物なんですね。ニコライとアレクサンドラのふたりの間に最初に生まれた男の子は、血友病という血がなかなか止まらない病気でした。それをこのラスプーチンという怪僧が治してしまった。祈とうかなにかをやって。ラスプーチンというのはロシアで3000キロの巡礼の旅をして、ある悟りをひらいたというか、いろいろなひらめきが起こるようになっていたんです。それである時、ご一家の中に入り込んできて、一家を手玉に取るようになっていったんですね。

上坂　あれは本当に奇跡なんですかね？

斎藤　奇跡なんです。その後、長男のアレクセイはちゃんと成長しましたから。奇跡が起きて治ったと考えていいでしょう。ラスプーチンは最後には暗殺をされてしまうんですけれど、この「ラス・プーチン」が100年ちょっと前の人物。で、今いるのが「プーチン」。ラス・プーチン……プーチン……近々ロシアは、ひょっとしたら「チン[48.]」になるんじゃないかという。

早瀬・上坂・観客　（笑）

上坂　それは、何かが減っていくということですか？

早瀬　最後だけ残っていくんですね。

斎藤　何がなんだかわからないと思うんですけれども。この「チン」というのは中国人の総称です。チュウさんでもワンさんでもいいんですけれど、ちょっと……ピコ太郎[49.]と似たようなものですね。

---

47. グリゴリー・エフィモヴィチ・ラスプーチン。ロシア版道鏡。アレクサンドラ皇后の持病を治したという触れ込みで政治にも口を出し、ついに暗殺されるに至る。毒物を飲まされ、拳銃で何度も撃たれても起き上がってきたという魔物っぽいエピソードがあります。なぜ道鏡かというとですね、あのう、両者とも男性生殖器が常軌を逸して大きくて、それを利活用して女性権力者とゲフンゲフンな伝説がですね……。

48. 中国は英語だとチャイナ、フランス語だとシーナ、ラテン語圏だとチーナと読みます。別にラスプーチンとか道鏡とは関係ありません。関係ない！

49. お笑い芸人・古坂大魔王がプロデュースする芸人・ユーチューバー。何らかのコネを駆使してジャスティン・ビーバーに動画を共有させ、世界的なスターダムにのし上がる。

上坂・早瀬・観客　（大爆笑）

斎藤　ペン、アップル、ペンと、こういうことで。ノリで覚えるとね、語呂がいいでしょ？

上坂・観客　（笑）

斎藤　今はプーチンさんでしょ？僕はね、プーチンさんが今どこを見ているかというと、ロシア革命だと思うんです。帝政ロシアが滅びてロシア革命が起こり、ソ連になってソ連が滅びて今は新しいロシアになった。ところが私はね。プーチンさんの今の時代っていうのは、小さな「ミニソ連」になってしまったなという気がしてるんですね。小さなミニソ連はダブりますけど（笑）。今、すみれさんが好きなロシアには、言論の自由[50]はありません。

上坂　言論の自由は必要ですね。

斎藤　必要なんですか？

上坂　必要です。とても。

斎藤　言論の自由がないことが好きなのではなく？

上坂　今はソ連なみにないんですか？

斎藤　今のロシアで知識人っていう人に会ったり、聞いたことありますか？何か事件が起きて、例えばアメリカにトランプ大統領が出てきた、「ではロシアの知識人にお話を聞きましょう」と言って、知識人が出てきたことはテレビでも新聞でも1回もないと思います。プーチンさんというのは、ソ連時代の有名な秘密情報機関であるKGB[51]のトップでしたから、だんだんロシアをそういう国にしてしまったんです。

ところが、昔は弟分だった中国が、今や遥かに上にいってしまった。弟分ではなく兄貴になっちゃったんですね。今のロシアは、人口も経済力も中国の10分の1くらいですよ。それからGDP、これも皆さんご存知のとおり、中国は世界で第2位になっている。今、ロシアのGDP[52]は韓国と同じくらいで、150兆円くらいです。日本は550兆円を超えていますから、かなり小さくなっちゃって……。

---

50. 基本的人権のひとつである「言論の自由」ですが、さまざまな方向から主に政府によって掣肘・制限を加えられる権利でもあります。絶対的な言論の自由というのはそもそも存在しません。これは「他者を傷つける自由」がない、と言い換えることもできます。たとえば現在のドイツ連邦共和国では、ナチスやヒトラーの政策や行動をポジティブに評価することは社会的にも法律的にも許容されません。これは言論の自由が適用されない一つの例ですが、これをドイツにおける局地的な事情と取るのかどうかは、ナチスドイツ時代をどう評価するかということに繋がってきます。これは国によっても政治的立場によっても大きく異なることです。ロシアにおける言論の自由のなさは、これよりももっと直接的で、プーチン政権に対する評価によって制限を受けるかどうかが直接的に問われてしまいます。

51. カーゲーベー。ソ連国家保安委員会。ロシア革命直後に結成された秘密警察チェーカーの流れを汲み、国内・国外の双方で情報活動を行った。国内では反体制派や一般の国民を厳しく監視し、ソ連の一党独裁体制を陰で支えました。ソ連崩壊後は解体され、その機能は複数の官庁に分けられました。

52. 2016年の統計によると、ロシアのGDPは1兆2,807億ドル、中国は11兆2,182億ドル。ちなみに日本は4兆9,346億ドルです。

獅子こまこさん（すみぺ美術部より）

ミニソ連になっちゃった、と私は見ているんですね。ですから、今ロシアに行くと、すみれさんの体質にはかなり合うんじゃないかな、と。

観客　（どよめき）

上坂　先日、サハリン[53]に行ってきました。サハリンの人は、どちらかというと日本人っぽいお顔をされている方が多いせいか、すごく日本人に興味を持ってくださる方が多くて。スキー場にいるご家族に、すごくニコニコされたりしました。サハリンは悲しい記憶が多いですから、日本人のことは嫌いかもしれないと思っていたんですけど……。サハリン公園にも行ったんですが、サハリン公園にある王子ヶ池がちゃんと残っていて。今はスケート場になってるのかな？日本時代の物を取り壊さずにそのまま使っていて、なんか不思議な混ざり方をしている、独特の街でした。でもやっぱりどこか温かい、素敵な街でしたね。惜しむらくは、ビザを取るのがすごく大変なのと、飛行機が遅れがちなのが……。サハリンには、同志の方が二人も来てくれたんですけれど……（会場をみて）あ！その方がいる！大変でしたね～。サハリンに着いた日に空港で会ったんですが、彼は「僕、もう帰るんです」って。イベントを観に来たんじゃないんですか？って聞いたら「間違えちゃったみたいで、もう帰るんです……」って。直行便がもっとあれば、調整して（イベントを観てから）帰れるわけですよ。でも、ビザにも期限がある

53. ご承知の通り、上坂すみれさんは３月にロシア・サハリンで行われたイベント「日本文化デー」に出演するためにサハリンに渡航されました。

し。どうにも行けないということで、空港でお別れをしました。

真実を書きすぎる新聞

上坂　私はソ連に行ったことはないのですが、ソ連に行かれる時ってどんな手続きが必要だったんですか？

斎藤　随分苦労しましたね。手続き的には、東京のソ連大使館に行ってビザの申請をするんですけれど、記者の場合はかなり複雑な手続きが必要で。僕は２回行きましたけれど、最初の時には３ヶ月くらいかかりましたね。

上坂　え？申請に３ヶ月？

斎藤　２回目の申請は、プーチン（が大統領）の最初の年でした。それまではエリツィンが（大統領を）10年くらいずっとやっていたので、簡単に出ましたけれど。しかも産経新聞はロシア、ソ連にあまり評判が宜しくないんですね[54.]。

観客　（大爆笑）

上坂　確かに。なんか方向性の違いというか……。

斎藤　ええ、あまりに「真実を書きすぎる」ので。なかには書かない新聞もたくさんありますが。我が社ははっきりとものを書くことで有名な新聞でございまして。

上坂　なるほど。暴いていくんですね。

斎藤　ええ、特に斎藤と言う男、あれは札付きの反ソ、反共、ゴリゴリの右翼記者だというような……。

観客　（大爆笑）

斎藤　いわれなき真っ赤な誹謗中傷でございます。これには私、敢然と立ち向かいましたけれどもね、我が社の加藤（達也）ソウル支局長[55.]のように裁判にかけられるようなことはありませんでしたが、その前の段階のようなことはかなりありました。まあ、余談でございますが。

上坂　ソ連に行ってもやっぱり監視されたりとか？

斎藤　ありますね。ソ連時代は、ゴルバチョフ時代です。ペレストロイカ[56.]ですね。英

---

54. まあ平たくいうと「右」という評価を受けているわけですね、産経新聞。読売・産経が右、毎日・朝日が左と、ざっくりいうとこういう分けられ方をしております。かつて自民党が総選挙で敗れて民主党政権誕生が決まった際に、産経新聞のTwitterアカウントが「下野なう」とつぶやいて炎上しましたが、今考えるとそれくらい旗幟鮮明の方がいいのでは？とは思いますね。

55. 韓国の客船セウォル号が座礁して沈没し、学生を含む多くの死傷者が出た事件の最中、朴槿恵大統領はどこにいたのか―これについてコラムで触れた加藤支局長が出国停止処分を受けて在宅起訴された事件。

56. 先にも触れた、ゴルバチョフによるソ連の改革。市場経済の導入による経済体制の立て直し、民主的な選挙の実施などの政治改革が主であった。

語で言うとリコンストラクション[57]の意味です。立て直し。

上坂　再構築という……。

斎藤　ただ、そういグラスノスチ[58]という情報公開で、結構言論の自由があって、好きなことを書けるようになった時代でもあるんですよ。帝政ロシアからソ連の時代を経て、あの時代が一番言論の自由が多かった時代かなと思います。ただ、そういう時代が来たにも関わらず、逆に情報機関、特にKGBは自分たちが作ってきた国に危機感があって。新聞社の原稿にはピリピリと神経をとがらせておったわけです。日本の場合は、東京の狸穴[59]にあった駐日ソ連大使館が、私みたいな札付きの記者の原稿を全部翻訳して本国に送るわけですね。そうすると、「これはまずいことを書いてくれたな」という時には、やはりヤバイことが起こるんです。

上坂　一体何が！！

斎藤　僕は『外人ゲットー』という、外人しか住めないアパートにいたんですが、ある冬の朝に起きたら、私の支局の車のタイヤが4ついっぺんにパンクさせられていました。

上坂・早瀬・観客　えーーー！！

上坂　地味！（笑）。地味な嫌がらせ！。

斎藤　地味じゃないんです。モスクワで車を奪われるということは、もう手足をもがれてまったく取材に行けなくなっちゃうっていうことなんです。歩いて行けるところなんてないですからね。

上坂　でもタイヤに穴をあけているKGBの職員の姿を想像すると切ないですね。

斎藤　それで、私はアパートの真ん前にある公安警察、その警察のボックスのすぐ目の前に車を止めておいたんですよ。

上坂　ひえーーー！

斎藤　門には厳重な扉があってですね。それである朝、「あんた、これは目の前のことじゃないか、見てるでしょう」と聞いてみたんです。そうしたら、「いや、私は夜中30分間だけ、トイレ休憩の時間がありましたので」って言われましたね[60]。

---

57. 日本人に馴染みのいい略称をつかうと、リストラです。日本の失われた20年において「リストラ」とは単純な「首切り」であることがほとんどで、それって英語で「レイオフ」でいいじゃないかと思う注釈子なわけですが、ほんとあの20年の縮小再均衡しか考えない時代ってなんだったんですかね……。

58. 情報公開。それまで共産党が独占し、コントロールしてきたあらゆる報道、情報を国民や外国に開示するようになった。しかしその結果、ソ連崩壊を早めたという評価もある。

59. 東京・麻布にある地名。かつてソ連大使館があり、「狸穴」といえばソ連大使館を指す隠語でもありました。

60. これ観客の皆さんは爆笑してますけど、状況を冷静に考えると超怖いですよ。警察の目の前に停めてた車の話ですけど、それを警官が「夜中30分の休憩時間がありますから」と言うってことは、つまり警官は「自分では管轄が及ばない人間がやったことで、それは一切自分は見ていないし知らない」と言明しているわけです。

観客　（大笑い）

斎藤　多分、その時にやったんだと思いますけど。間違いなく。で、ゴルバチョフ政権の要人を批判したり軍を批判したりすると、それらしいことがたまに起きました。私、単身赴任が長くて。夜は、さっき言ったようにウォッカ仲間と毎晩（酒を飲む真似をして）コレでしたからね。家に帰って来て電気を付けると、テレビと花瓶の位置が変わっていて……。[61]

上坂　えええーーー！！

斎藤　それから本棚ですね。モスクワという所は絶対に地震が起きないところなんです。ルーマニア地震でちょっと揺れたらしいんですが、モスクワにはプレートもまったくないところなのに、本棚がわーっと倒れていた。まあ、ろくな本は無かったですけれども……。そんなことが数々ありました。でも、あまり言うとラジオを聞いているロシアの方が……。

上坂・早瀬・観客　（大笑い）

斎藤　仕返しをしてくる。それが怖い。

上坂　パンクさせられるかもしれません。

斎藤　……っていうことがありましたね。

上坂　それでも怖気づくことなく、ソ連の実態を突き止めようということはやめなかったんですね。

斎藤　逆に、僕はそれでファイトが沸いたんですね。

上坂　うわー！カッコいい！！

斎藤　よし、こういう国だったらやれるところまでやろう！っていうふうになりましたね。

上坂　おお～！すごい！

斎藤　何しろ反ソ、反共の右翼新聞ですから。

上坂　（爆笑）。言っちゃった。

斎藤　その眼目由緒たる、そこまで評判が悪いんだったら、開き直ってやってやれ！と。そんな気にもなりましたね。で、無事に帰ってまいりました。

---

61. これもエスピオナージものの小説を読んでるとよく出てきますが、KGB なりなんなりが「お前を監視しているしこの部屋には好きなときに出入りできる」というメッセージを伝えてきているわけですね。つまり「お前はいつ”不慮の事故”で行方不明になるかわからない」ということなわけです。秘密警察が権力をもっている国でこれは非常に怖い。殺害予告と変わりませんからね。

金正男とトロツキー

上坂　ソ連にいる最中に、「わあ、粛清[62]だ」って思ったことはありますか？もしくは、なんかしら粛清に出会った瞬間って。

斎藤　私がいた時には、もうほとんど粛清というのはないですね。

上坂　なかったんですか？

斎藤　スターリンを批判して出てきたのがゴルバチョフですから。要するに粛清という点で言いますとね、この前の金正男（キム・ジョンナム）[63]の……ですねえ。

観客　（笑）

上坂　無茶ぶりですねえ。

斎藤　よく新聞社の観点で「殺し」なんていう言葉を使ってしまいますが。

上坂　（小声で）殺し……。

斎藤　私、昔、警視庁の捜査一課[64]で「コロシ」をやっていましたので。

観客　（どよめき）

斎藤　いやいや、私が人殺しをやっていたわけでじゃなくて！

上坂　（笑）ちょっと語弊が。みんな！（斎藤さんを）信じましょう。

斎藤　人殺しの事件を取材していたんですが（笑）。この金正男の粛清というのは、ソ連と深く関係があるんですね。

上坂　なんですって！

斎藤　さっきのレーニンの後、スターリンの話になります。

上坂・早瀬　はい。

斎藤　髪の毛がにくたらしいほどあるのがスターリン。この人が、今21世紀世界の亡霊となって、いろいろな悪さをしてるんです。話は長くなりますが、スターリンという人は、国内では自分に歯向かってきそうな、または実際に歯向かってきた人間を「人民の敵[65]」というレッテルを貼って、毎晩のように粛清してたん

---

62. 粛清といえば、ラヴレンチー・パーヴロヴィチ・ベリヤの話をしなければいけないでしょう。チェーカー出身のベリヤは無数の罪のない人々を粛清していったが、もっともよく知られている事件のひとつがカティンの森事件。22,000人のポーランドの軍人、警官、公務員、聖職者、一般市民が銃殺され、森の中に埋められた。なおベリヤ自身は、粛清を続けすぎて握った権力が肥大しすぎ、それを恐れたフルシチョフ一派に捕らえられて死刑となってしまった。

63. 2月13日、マレーシア・クアラルンプールの空港で金正日の長男・金正男氏が暗殺された事件。

64. 殺人・傷害・強盗などの凶悪犯罪を捜査対象とする部署。

65. 「人民の敵」とスターリンが名指しすることで、ほぼ無制限に誰でも粛清の対象にすることが可能になるというスゴイコワイ・システム。裁判？法律？そんなの関係ねえ！なおフルシチョフによると、第17回党大会で選ばれた党中央委員と候補のうち98名、70パーセントは逮捕銃殺された。中央委員会のメンバーばかりでなく、第17回大会の代表たちも同様で、1966名のうち1008名、すなわち過半数をこえる人々が反革命の罪で逮捕された。作家ソルジェニーツィンによれば、国内流刑者（つまりシベリア送り）は1000万人を越えたのだという。

獅子こまこさん（すみぺ美術部より）

です。粛清というのは処刑していたということです。これは今の金正恩（キム・ジョンウン）[66.]という、たっぷりと栄養が行き届いたあの若い方がやっているようなことを、毎晩やっていた。

上坂　裁判なしに？

斎藤　（裁判）なしに。このスターリンというのはグルジア（現・ジョージア）人でありまして、実は「スターリン」というのは『鉄の男』と言う意味のニックネームなんです。

早瀬　そうなんですか？

斎藤　ジュガシビリっていうのが本名なんですね。

早瀬　（驚く）えーー！

斎藤　グルジアには真っ赤な甘いワインがあってですね。これはキンズマラウリ[67.]っていう、今でもどこかに売ってるんじゃないかな。

上坂　キンズマラウリはよく飲みます。

---

66. 北朝鮮・朝鮮民主主義人民共和国の第３代国家元首。若い頃の写真を見ると普通のイケメンなのに、初代金日成と似た風体になるために整形したり太ったりしたという逸話は本当なんだろうか。

67. 8,000 年の歴史がある（ホントか）というグルジア原産……今はジョージアといいますが、ジョージア原産のワインです。ジョージアにしかない固有のブドウ品種もあり、一種独特のワインです。

斎藤　そうでしょ？あの甘〜い、砂糖菓子みたいな。

上坂　美味しいですね〜。あれ。

斎藤　あれが美味しいっていう人は初めて！

上坂　どうしよう。スターリンの亡霊が私に取りついてるのかも！

斎藤　やっぱりソ連ではスターリンが好きなんですねぇ。

上坂　ああ〜、まずいなあ。

斎藤　ちょっと、私とは相入れない感じだね。

観客　（大爆笑）

上坂　どうしよう……。新聞に書きたてられるかもしれない。

斎藤　スターリンは、そのキンズマラウリっていうお酒を毎晩チビリチビリやりながら、粛清リストを書くんですよ。多い時には何千人、何百人と。毎日書いて秘密警察に渡すの。（楽しそうな声で）「明日処刑する者だよ〜」って渡すわけです。そしたら（秘密警察が）「はいよ〜」って持っていって、ダダダダって銃殺するわけですよ。

早瀬　銃殺なんですね。

斎藤　規模は違うけれど、今北朝鮮で毎日やっていることと同じですよ。それで政敵がどんどん殺されていく。ところが、たまに逃れられる人もいるんですね。これが最大の難敵だったトロツキーです。

上坂　ああ、メキシコに亡命した人。

斎藤　そう。彼は1929年に、スターリンによって「俺とは路線が違う」とか「考え方が違う」と言われて、ソ連から追放されるんですね。それでトロツキーは、ノルウェーやフランスなど世界中あっちこっちを転々として、今すみれさんがおっしゃったようにメキシコに落ち着くんです。もちろん、いろいろなものに怯えてはいたんでしょうけれど、それでも悠々自適な生活をしていた。ところが追放されてから11年後の1940年の8月にですね、スターリンの密使が来てぶん殴られた。

上坂　ピッケルで。

斎藤　そう、ピッケルで虐殺。

早瀬　えーー！！

斎藤　さすが！そう、殺されたんです。つまりね、国内追放をしたらいい、というわけではないんですよ。自分の敵だと思ったら、しかもそれが大物だと思ったら、どこまでも追いかけて殺す。これが共産主義の怖さ。

上坂　確かにトロツキーはスターリンと正反対でしたし、責められても全然意見を変えませんでしたから。

斎藤　そういうところが、今の金正恩と全く同じなんですね。金正男は自分の兄貴ですが、その腹違いの兄貴が亡命政権を打ち立てようとしているんじゃないか、という情報が入ったといわれています。そしてもう一人、火炎砲で焼き殺したという自分の叔父さんですね。

上坂　ひー。

早瀬　えー。

斎藤　金正男と張成沢（チャン・ソンテク）[68.]というこの叔父さんは、金正恩に代わってふたりで亡命政権を作ろうとしていた、または、金正恩を失脚させて北朝鮮に新しい政権を作ろうとしていたんじゃないか、という噂なり情報が入ってきたので、粛清をしてしまった。

つまり、マレーシアに逃げていた金正男を腹違いの弟が殺すという、スターリンと全く同じことが起きてるんです、今。各国がやっているという意味ではなくて、スターリンがやったことを、今そのまま金正恩がやっているわけです。

まだあってですね。10年くらい前、2006年くらいでしたかね。やはりプーチンの政敵であるリトビネンコ[69.]というKGBの要員が政権に逆らってイギリスに亡命をしました。けれども亡命下のリトビネンコは、2006年にポロニウムという毒を紅茶に入れられて、それを飲んでそれで亡くなってしまった。プーチンも、自分の政敵はどこまでも追っていって殺したんです。もちろんきちんとした証拠はありませんし、プーチンも自分でやったとは言っていませんけれども。そうではないかとみられています。これが、共産主義の恐ろしいところでございます。……ちょっと怖かった？

早瀬　恐ろしい…。っていうか、執念がすごいですよね。

斎藤　そうですね。それでまだ、さっきの「チン」の話していないですけど。

上坂　ラス・プーチン、プーチン、チンの話ですか？

斎藤　そう、ラス・プーチン、プーチン、チンの話です。何故チンの話にいかないのかとイライラしていたんですが。

客・上坂　（大笑）

早瀬　えー！

---

68. 張成沢は、金正日の妹と結婚したことで金正日在世中から強い力を持っており、金正恩の後見にあたるとされていました。金正恩が経験を積むまで実質的な権力は張成沢にあるという見方もあったほど。それだけに、解任即処刑というニュースは衝撃をもって受け止められました。

69. アレクサンドル・ヴァリテラヴィチ・リトヴィネンコ。KGBのエージェント。ソ連崩壊後はロシア連邦保安庁に勤務していました。当時のロシア連邦保安庁の長官はウラジーミル・プーチン（……あれ？いや、もちろん偶然に決まってますよ同志！）。上司からの要人暗殺指令を公表したことで身の安全を脅かされる立場になり、ロンドンでポロニウムの大量投与を受けて死亡。非常に珍しい、放射性物質を用いた暗殺でした。

上坂　そんなイライラしてたんですか？

斎藤　いやいや、これは別にチンでもワンでもいいって言ってたでしょ？中国人の総称なんですよ。今、ロシアは非常に国力が無くなって、ミニソ連が出来ちゃった。昔の共産国の兄弟関係でいうと、中国と入れ変わっちゃって、今は中国のほうが兄貴なんです。中国は今や、アメリカのトランプ大統領と張り合おうという国ですから。それでね、中国とロシアの国境というのは4000キロあるんですよ。この4000キロっていうのは、極東のシベリアと中国の国境ですけれども、この地域に住んでいるのは、シベリア川付近に600万人しかいないんです。その南側には１億人が住んでいるというのにね。

早瀬　へえ〜。

斎藤　それで水の浸透圧よろしく、中国人がどんどん北に、シベリアのほうに上がってきている。合法的・非合法的に労働力としての中国人が非常に増えていて、彼らがロシアの女性と結婚をして、子供が出来て……ということも起きている訳ですね。

私が昔……プーチンが（再度大統領に）就任した2006年の頃から言い始めているのは、ロシアの極東はもしかしたら中国に乗っ取られちゃうかもしれないということ。その懸念は、未だにずっともってるんですね。「チンさん」が来てロシアを乗っ取るんじゃないかという、つまりこれがチンでございます。

上坂　なるほど〜。

斎藤　この過去、現在、未来の話が、ラス・プーチン、プーチン、チンの話でございまして。これはピコ太郎のノリで覚えておいていただくといいんじゃないかな、と。

上坂　でも、意外と深刻な問題でしたね。

斎藤　ええ、決して軽い話ではございませんけれども。

ソフホーズとコルホーズ

上坂　あ、そういえばお便りも頂いてるんです。読む時間はあるかな？

早瀬　はい。ではおたよりを紹介しますね〜。ラジオネーム「キュベ三昧」さんからいただきました。

上坂　ありがとうございます！

早瀬　『すみっぺ、かなっぺ、ゲストの斎藤さん。Добрый вечер！』

上坂　Добрый вечер！

早瀬　『スターリンの行った政策のひとつに農業の集団化、授業でも習ったソフホーズとコルホーズ[70.]があります。性急かつ強制的だったこの政策。1938年には完了しましたが、実際の生産性が上がったのか、その結果は疑わしいというのが現在の結論のようです。そんなスターリンが行った政策の数々について良策、愚策含めて語って欲しいです！』

斎藤　難しいですね～。

上坂　確かに教科書には載っているけど、どう違うかは書いてあったかな？

早瀬　え？習いました？

斎藤　ソフホーズ、コルホーズっていうのは、原稿で書いたことはないですね。一度も。ああ、一度くらいはあったかな……。教科書に出てくるのは、確かソフホーズが国営農場で、コルホーズは集団農場。でも、同じようなもんなんですよ。

上坂　え？でもコルホーズって、国営じゃないですか？

斎藤　国営だけど、一部民営化が入っているんですね。要するにコレクティブの意味で、一部民営化みたいなものがあってですね。地主から奪った土地の一部を耕していいよ、というのがあったんですね、コルホーズには。ソフホーズはそっくりそのまま国営農場で、お前たちやれと。農業の集団化っていうのは個人農というのを一切嫌っていて。帝政ロシアの頃の労働者には個人農がいて、その下には一時期、農奴、つまり奴隷もいました。けれど皇帝アレクサンドル２世が農奴解放令[71.]を発して以来、自作農も出てきまして。結構自由にやっていたのを、ロシア革命でまた土地が国の物になっちゃった。

上坂　農奴解放令の時にも、すごい混乱したのに。せっかく収まってきたころに、また集団化したっていうイメージがあるんですけど……。すごい混乱があったんじゃないですかね？

斎藤　集団化するっていうことは、国が全部計画も立てていて。「小麦を何トン獲れ」「大豆を何トン獲れ」と、国が指示するわけですね。

上坂　五カ年計画を４年でやろうとか。スタハノフ[72.]を見習おうとか。よくわからないことを……。

70.1920年代に登場した集団農場。文中にもあるように、現実とはかけ離れた計画に基づいた農業を行ったため、本来の収穫量を大幅に割り込む結果となりました。ソ連は慢性的な食糧不足に悩まされていたが、そのひとつの原因はこの集団農場の失敗にあるといえるでしょう。

71.1861年に行われた、皇帝アレクサンドル２世による農地解放。決して十分ではなかったが、解放された農奴の存在はロシア革命のひとつの遠因となりました。

72.アレクセイ・グリゴリエヴィチ・スタハノフ。炭鉱夫にして労働英雄。当時のノルマの14倍にあたる102トンの石炭を６時間足らずで採掘したって、それ実際どうやったんだよ……。真実かどうかはわからないが、彼の名をとって「ノルマよりもたくさん働け！」と労働者を駆り立てた「スタハノフ運動」は本当。同志スターリンいわく「生活は良くなった、同志諸君、生活は楽しくなった。暮らしが楽しければ、仕事もはかどるものだ。このため生産ノルマが上がり、労働英雄が生まれた」とのこと。あれ、これってブラック企業のことじゃないの？やりがい搾取？

斎藤　この件については……よくおわかりのすみれさんがご説明をされた方が、わかるんじゃないのかな。

早瀬・観客　（笑）

上坂　でも私は、コルホーズといえばあの赤いバンダナを巻いてトウモロコシを持って、「いえーい！」ってやっているソ連の女性のポスター[73.]から入っているんです。プロパガンダに踊らされやすいから！私（笑）。なんかトラクターがいっぱいあって、老いも若きもみんな収穫で「イエーイ！」っていうイメージなんですけど……。でも1930年代には飢饉もありましたよね。

斎藤　今問題になっているウクライナの飢饉ですね。その農業集団化によって、国が勝手に決めた本当に偏った政策を農民がやらされたので、農民がもう餓えて餓えて何百万人という人が餓死をしたんです。

上坂　穫れる以上に回収をしようとしてたということですね。

斎藤　そうですね。当時税金というのは、全部穀物で取っていたんですが……。

上坂　江戸時代みたいなものですね。

斎藤　その通り。ですから骨の髄まで政権にしゃぶりつくされたわけです。

上坂　スターリンの時代からフルシチョフの時代はどうだったんですか？

斎藤　ありましたよ。ありましたけれども、スターリン時代ほど強烈な搾取ではなかったんです。

上坂　じゃあ、だんだん安定していったわけですね。

斎藤　もちろん、ゴルバチョフの時代までずっとコルホーズは国営ですから、全部残っていましたけれども、だんだん農業政策が柔らかくなっていって。それで農民にとっても柔らかくなっていったというか。

上坂　じゃあ、本当にコルホーズってやる気が出ないですよね。

斎藤　出ないですね～。初めてソ連を否定しましたねえ。

客・早瀬　（笑）

上坂　コルホーズでは働きたくないですねぇ。だから、過去のものでよかったとは思うんですけれど。あのトラクターだって、何人かでひとつのトラクターに乗るのみたいな感じですし。ともかく、あれはスターリン的にもちょっと無理があったということですね。まあ、スターリン（の政策）はだいたい無理がありますけれど、無理なもののひとつですね。

客・早瀬　（笑）

---

73. イエーイとやってる女性のポスター、ミリタリー好きの方ならご覧になったことがあるはず。あの種のプロパガンダアートや、ロシアネタを集めたおそロシ庵というサイト（http://osoroshian.com/）もありますね。

斎藤　だんだん本音が出てきましたね。

上坂　はい。

観客　（大爆笑）

スターリンゴシック

上坂　じゃあもう1通読めますか？

早瀬　はーい。ラジオネーム「ロスティスラブ」さんから頂きました。『すみっぺ、かなっぺ、斎藤勉さんДобрый вечер！斎藤勉さんをお迎えしてのソ連の部。メインテーマがスターリンということですが、スターリンといえば権力の象徴として作らせたといわれる"スターリン様式建築"が有名です。なかでも特に、"スターリンゴシック[74]"と呼ばれる重厚で圧倒的な存在感を放つ超高層建築物、"セブンシスターズ"なんかのお話もお聞きできればうれしいです。以前、上坂さんがロシアアバンギャルド芸術について熱く語っておられて、その影響でロシア建築についてとても興味を持ちました。モスクワへ旅行に行く際にはぜひ、観光して見たいです。』

上坂　そういえば最近、「Tokyo 7th シスターズ[75]」っていうアイドルがいるんですよね。

早瀬　確かに！それですよね、完全に。

上坂　私も胸ときめいちゃうんですけど。スターリンゴシックのセブンシスターズはいい！私はモスクワ大学とかが大好きなんですけど。東京にお住まいの方がいればわかると思うのですが、代々木に立っているドコモの塔[76]は、完全にスターリンの息吹がかかってますからね。

観客　（笑）

早瀬　え？どういったところがスターリン……？

上坂　あの、天にそびえたつようなところが。

斎藤　天を突くような尖塔型の真ん中が、高いタワーになっていて。

上坂　そう。タワーになっていて。学校の校舎の時計塔が伸びた版、みたいな。

早瀬　（納得している様子で）はいはい。

---

74. ゴシックといえば、石の森……みたいな話は「文化部は大手町を歩く」の山田五郎さん回でもありましたね。未読の方はぜひご購入を！。

75. 略してナナシス。2014年サービスインしたアイドル育成リズムアクションゲーム。4月にはt7s 3rd Anniversary Live 17'→XX' -CHAIN THE BLOSSOM- IN Makuhari Messeが開催された。

76. 正式名称はNTTドコモ代々木ビル。地上27階地下3階。尖塔のような上部には通信用の機械設備が詰まっているとのこと。あんなにカッコいいビルなのに、展望台とかはないんですな残念。実は新海誠監督もドコモタワー好きということで、『言の葉の庭』など作中にも登場しています。

モスクワ大学

上坂　で、上に赤い星が付いていて、壁にスターリンの素敵な塗り絵があるみたいな。

観客　（大笑い）

早瀬　おお〜。

上坂　素敵です（笑）。私は、一周回って社会主義リアリズムが好きなんですけれど、サハリンに行った時に駐車場にスターリンの壁画が残っていて。それに感動しちゃって……。

早瀬　それって誰が描いているんですか？

上坂　わからないです。でもたぶん、名もなきプロパガンダアーティストがお描きになったのか。それとも誰かが落書きで描いたのかわかりませんけど……。

斎藤　彼は若い頃にシベリアで放流生活をしていましたから、サハリンに行ったかもしれませんけど。

上坂　いつものあの角度で。あの、スターリンの角度[77.]ってあるじゃないですか。ここから撮る、みたいなやつ。

斎藤　ええ。

---

77. デルピエロゾーンではないが、スターリンなど独裁的な権力を持っていた人物は自分の写真の写り方も厳密に決めておかないと気が済まなかったようですね。なにしろ粛清した同志を写真から消すことが当たり前だったわけだから、推して知るべし。

ウクライナホテル

上坂　あの角度で描かれていましたから。サハリンには取り壊されないで残っているのかな、と思いましたけど。

斎藤　今、モスクワに7つ残っているんですね。

上坂　スターリンゴシックですか？

斎藤　ええ、今おっしゃったモスクワ大学[78.]とか。後はウクライナホテル[79.]っていうのがありましてね。それから文化宮殿っていうのがありましてね。モスクワの中心街に7つありまして、それを巡るだけでも旅行のツアーになるといわれています。

上坂　やっぱり立派ですね。

斎藤　スターリンが自分の権威の象徴として作らせたものですから。

早瀬　スターリンが作らせたものがスターリン様式建築っていうことですか？

斎藤　いや、象徴的な尖塔型のあれがスターリン様式建築です。

上坂　だから今からでも作れますよ？

斎藤　ええ、そうですね。

---

78. モスクワ郊外にそびえるモスクワ大学は、セブンシスターズのなかでもトップクラスの荘厳さを誇ります。中央の巨大な尖塔と左右の小塔の配置が美しい。

79. ウクライナホテルは、今も泊まれる現役のホテル。平壌の柳京ホテルとはそこが違う！

早瀬　おお～！そうなんですね！

斎藤　作りますか？

早瀬・観客　（笑）

斎藤　安藤忠雄[80.]さんあたりだったら、パッと造っちゃいますよ。

上坂　ちょっと憧れちゃいますけどね。

斎藤　天を突くこのスターリン建築も権威の象徴なんですが、共産圏に行くと地下道がすごいんですよ。地下鉄はね、地下宮殿[81.]ともいわれてましてね。これも権威の象徴なんです。

上坂　きれいですよね。

斎藤　これはね、防空壕代わりに作ったんです。

上坂　すっごい地下深くにあるんですよね。

斎藤　いざ戦争になったら、全部地下で市民が生活できるように。

上坂　あれで本当に核を防げるんですか？

斎藤　まだ、核が来たことは無いですからね。

上坂　そうですよね。ちょっと確かめづらいです。

観客　（笑）

斎藤　どこまで耐えられるのかは、わかりませんけれども。

上坂　本当に深いんです。大江戸線の５倍くらい深い。

早瀬　それ、かなり深いですね。

斎藤　いや本当です。まだ行ったことはありませんが、北朝鮮のピョンヤンの地下鉄もまったく同じだっていいますね。

上坂　えっ！そうなんですか？

斎藤　ええ、ソ連時代の地下鉄と。ただ、私はピョンヤンに行ったことはありませんが……私が行ったらきっと帰って来られないでしょうけど（笑）。

上坂・早瀬・観客　（大爆笑）

---

80. 日本を代表する現代建築家。コンクリート打ちっぱなしの立方体を組み合わせたようなデザインが特徴。めんどくさい人としても有名で、調布市につくった幼稚園では壁に園児が描いた絵を貼っていたら激怒したとのこと。作品作りだけしたいならパース画かミニチュアだけ作っててくださいよ……。

81. 地下鉄を核シェルターにという構想自体は日本にもあるとされていて、国会議事堂前駅が深くつくられているのは……という説もありました。真相は不明。日本の地下鉄で内装スゴイといえば、都営大江戸線の六本木はなかなかのものです。黒と金ベースで、実にバブルっぽい雰囲気を醸し出していますね。

スターリン再評価

斎藤　北朝鮮っていうのは、ソ連というか、スターリンが作ったんですよ？

早瀬　（かなり驚いた様子）え！！

上坂　北朝鮮を？

斎藤　ええ、戦後に。抗日、つまり日本に抗う戦争があって、その抗日戦争の英雄といわれた人物に金日成（キム・イルソン）[82.]という人がいたんです。ただ、ソ連は彼とは似ても似つかない男をトップに仕立て上げ、彼をクレムリンに呼んできて首実検をして、「よしお前でよろしい」って傀儡政権を打ち立てた。それが北朝鮮の指導者の金日成で、そのニセ指導者の家系が……って、今日これを言うのは危ないなあ。

会場全体　（笑）

上坂　これ、ラジオで放送されるんですけど大丈夫ですか？

斎藤　■■■■の人が多分聞いてますので。（放送では銃声音！）[83.]

上坂　ええ〜！

観客　（大爆笑）

斎藤　でも、私も十分生きましたし。もういいです！

上坂・早瀬　ええ！！やめてくださいー！！

観客　（大笑＆拍手）

上坂　やめて下さい！まだ斎藤さんには役割がたくさんあります。

斎藤　でも、これは本当ですからね。（北朝鮮を）スターリンが作ったんです。

上坂　だけどやっぱり、自分に歯向かわない人をトップに置くんですね。

斎藤　そうなんです！その三代目が今の指導者、金正恩ですよ。殺された金正男は、「共産国家っていうのはそんなもんじゃないでしょ」というふうなことを言って、三代（世襲）はいけないと言った。そのあたりが、金正恩の逆鱗に触れたんじゃないかと思いますけどね。

上坂　なるほど〜。

斎藤　はい、金正恩さん、失礼いたしました！

会場　（笑）

---

82. 出自が怪しい人物を英雄に祭り上げるために、とにかく伝説はたくさんあります。縮地法をつかって、一日で千里を駆けたであるとか、撃った銃弾には目があって必ず命中するとか、バラエティ豊かな説話は「白頭山伝説集」という本にまとめられています。なお現在金日成とされている人物は、本名は金成柱というそうな。金日成派はそもそも少数派だったので、権力を掌握するまでに血の粛清を繰り返した。こんな話ばっかりですな。

83. いやまさか、こういう方向で（ピー）が入るとは。とても声優トーク番組とは思えない……。

上坂　じゃあ、最後のメールにいきましょうかね。

早瀬　はい！ラジオネーム「ジェガノフ」さんからいただきました。『すみっぺ、かなっぺ、ゲストの斎藤さんДобрый вечер！大粛清に元銀行強盗に女ったらし、実は短足とあまり評判の良くないスターリンですが、ロシアではソ連崩壊後のどん底の反動か、スターリンを再評価する動きが高まっているようです。大祖国戦争[84.]に勝利した英雄としてのスターリンに愛国意識を重ね合わせているのか、大粛清[85.]についても高評価をする人も少なくないとか。その他、旧社会主義国でも経済国との格差の広がりから、社会主義国時代を懐かしむ声があったりしますが、ロシアの場合はこれにプーチン政権による愛国者教育も関わってくるのでしょうか。現代のロシア人は、スターリンについて正直どのように思っているのか気になります！』

斎藤　いや、今のメールの中に質問の答えが全部入ってますよ。もう。

早瀬　ええ～！！

上坂　でも確かに。

斎藤　これ質問された方は見事な方ですよ。「～ではないでしょうか。」っていうところが全部答えです。

上坂　すごい！さすがジェガノフさん！

観客　（大爆笑）

斎藤　スターリンってね、国内ではもう虐殺の限りを尽くして。対外的には謀略の限りを尽くした男ですよね。私からいわせてもらえば、これはもう本当に非人間的な権化です。もうこんな独裁者は出てきてほしくないと思っています。

一方で私は『スターリン秘録』という本を書かせてもらったんですが、その本であることを書いたんです。彼はひどいことをやったけれど、しかし非常に頭が良くて大戦略家なんですよ。戦争でソ連国内に2000万人もの戦死者を出しながら、あの第二次世界大戦を戦い抜いて勝ち、ヒットラーに勝った。そしてまた、一方では日本に攻め入っている[86.]。これは宣戦布告のない戦争でしたけれども。

---

84. いわゆる第二次大戦のうち、ソ連側から見た独ソ戦のこと。ナショナリズムを煽るための名称で、日本で言えば「大東亜戦争」というようなものです。なんか若干被害者ぶった言い方してますけど、ソ連は第二次世界大戦冒頭でナチスドイツと「ポーランドを山分け」というむちゃくちゃをやってますからね。

85. 粛清大好きスターリンの粛清史のなかでもトップクラスのアレ。特に当時のソ連軍の上層部を根こそぎ皆殺しにしてしまったことで、電撃的に攻撃を仕掛けてきたドイツ軍に当初はまったく抵抗できず、あわやモスクワ陥落直前まで追い詰められた。これやってなかったら大祖国戦争はもっと損害は少なかったのでは……。

86. ソ連の参戦。事実上、日本を降伏に追い込んだ。日ソ中立条約を結んでおり、ソ連を通じてアメリカとの和平交渉も行っていた日本政府としては驚天動地のできごとであった。タイムライン的には、広島原爆→ソ連参戦→長崎原爆。そりゃ降伏しますよ日本も。

クドリャフカさん（すみぺ美術部より）

そしてシベリア抑留[87]、要するに極東からシベリアに60万人の日本人を拉致して、6万人を殺したんです。そういうふうに、兵力の配置やいつ運んだらいいかとか、東西にうまく目がいっている。あとは、日本がどう考えて、それに対してアメリカにどう対処したらいいのかとか、国際な政治を見る目がものすごく幅広いんですね。

上坂　確かに。ロシアってとにかく面してる国が多いから。ひとつに集中するとこっちが危ないとか、そういうバランス感覚があったっていうことなんですね。

斎藤　あったんですね、戦略眼っていうのが。日本の外交でいうと、安倍さんは四方八方気を配って[88]、非常によくやっていると思いますけれど。つい最近まで、日本もそういう時代じゃないという政権もありましたよね。周りが見えないという政権[89]が。

観客　（大爆笑）

87. シベリア抑留。戦時捕虜の扱いとしては明らかな不法行為です。

88. 内政では始終ボロカスに言われてる安倍政権ですが、外交面ではそこそこ成果を上げていることは声を大にしても罰は当たらないのでは。まあ北方領土はそうそう帰ってこないでしょうが……。

89. 当番組、当書籍は政治的にいかなる勢力にも与しない中立の存在であります同志編集長！

ブレジネフ時代は『まんがタイムきらら』

斎藤　やはりねぇ、スターリンという人は大戦略家であったな、と。それは間違いないことだと思います。そういうスターリンに憧れて、未だにスターリンよもう一度！という声があるのは事実です。それから歴史的にですね……粛清時代には700万人の無為の人が殺されたといわれていますが、それは仕方なかったんじゃないか、と。ひとつの大帝国を打ち立てるためには、そういう犠牲も必要だった、と。私は、そうは思っていませんよ？でもそう思っている人も、まだたくさんいます。

今、プーチンの時代になって、プーチンはスターリンを尊敬しているというような露骨なことは、口では言っていません。しかし考えていることはソ連の復活ですから。実際にはミニソ連になってしまいましたけれど、ソ連の復活をいつも夢見てますから。スターリンを心ひそかに尊敬している節があります。

それと、ソ連が崩壊した時に、スターリンの像がほとんど壊されちゃいましたよね。けれど、破壊された銅像が、あっちこっちで復活している。そして第二次世界大戦の最大の戦場になったのが、ロシアというかソ連の南部の方にあるスターリングラード[90.]。あの地名はスターリンが自分で勝手につけたんですけど、スターリンが亡くなった後にボルゴグラードに名前が変わりました。ボルゴグラードはボルガ川という意味で、今も街の名前はボルゴグラードですけれども、それをもう一回スターリングラードに戻そう、という運動が水面下で起きている。これも事実です。

ですから再評価というのは、いつまでも終わらないと思いますね。スターリンを前向きに評価するか、後ろ向きに評価するか、または全然しないかというね。それはどちらがいいのかという問題ではなく、ロシア人にとって自分たちの愛国主義を鼓舞してくれるひとつのファクターであることは間違いない。

それとプーチンが領土拡張でクリミア半島を乗っ取った[91.]ということが重なるんですね。スターリンが北方領土を乗っ取ったように、プーチンはクリミアを乗っ

---

90. 越冬のための装備が十分ではないまま地獄の消耗戦に引きずり込まれたドイツ軍は、かつてのナポレオンと同様ロシアの大地と冬将軍の前に屈するのですが、そのターニングポイントとなったのがスターリングラード攻防戦。2001年にはジュード・ロウ主演で映画化もされています。

91. 2014年、ウクライナの一部となっていたクリミア共和国と軍港セヴァストポリはウクライナの混乱に乗じて独立を宣言し、ロシアは求めに応じてこれを編入しました。アメリカやイギリスを中心としたG7はロシアへの制裁を決断。ウクライナ側はロシアの侵略行為だと非難しているが、ロシア側はウクライナの内戦と、意見は真っ向から対立しています。しかしロシア軍の装備に身を固めた「親露派勢力（通称：親切な人々）」が主要な官庁を占拠するなど、ロシアの関与は露骨。改めて、力の行使をためらわないプーチン・ロシアの性格が明らかになった事件でした。

取った。そして愛国心を高めたっていうところでは、非常に重なるところが多いと思います。

上坂　なるほど……。

斎藤　歴史的な評価というのは、海外ではもうほとんど定まっています。ヒットラー[92]と同じような全体主義者であり独裁者であったという。ただ国内では、なかなかこれは……。プーチン政権である限り難しいと思いますねぇ。

上坂　ロシアに住む人にとっては難しいですね。

斎藤　そうですね。ロシア人にとって、これは永遠のテーマではないかという気はします。

上坂　私はブレジネフ時代が一番平和でいいかなって思います。

斎藤　ああ、そうですか？あの時代は停滞の時代っていわれてるんです。

上坂　あの停滞っぷりであの日常……。あれで『まんがタイムきらら』が作れるくらいに本当に緩い。読めば読むほど緩いし、ソ連に住んでいた人は、あの時代は意外に良かったという回想をする人が意外と多いみたいで。
……ということで、斎藤さん、どうやらそろそろお時間みたいなんです。最後に一言いただいてもよろしいですか？

斎藤　今日、こういうチャンスをいただきまして。非常に言いたいことを言ってしまったので、身の危険を感じています。

観客　（大笑い）

上坂　放送ではいい感じに編集されていると思いますので。

斎藤　え、そうですか。でも、一番微妙なところは削らないようにお願いします。

上坂　流せる限り、流していきたいと思います。

斎藤　今日、大阪でこういう会をつくっていただいて本当にありがとうございました。特に私の両側にいる、一生のうちにほとんど会えないような美女と対談することができまして、本当に幸せでございます。

上坂　確かに。ロリータと重役の組み合わせは不思議というか。

斎藤　まあ、孫とじいさんでございますが。

会場　（笑）

斎藤　今日は老人介護ありがとうございました。

上坂・早瀬・観客　（笑）

---

92. アドルフ・ヒトラー。元・売れない画家志望。なんかもう生まれながらの極悪人だ、みたいな扱いをされててまあそういう面もあるんですが、少なくとも合法的な手続きを（強制的な面もありましたが）踏んで国家権力を握ったのは事実なので、「なぜ、当時もっとも進歩的と言われていたワイマール共和制はヒトラーを止められなかったか」ということはしっかりと認識されるべきだろうと思います。なお「大量虐殺者」としてのボディカウントについてはスターリンにはかなわない模様。

あまるんさん（すみぺ美術部より）

上坂　斎藤勉さんでした～！ありがとうございました。拍手でお送りください。

早瀬　ありがとうございました～！

会場　（拍手喝采）

上坂　そろそろお別れのお時間です！「えーー今来たばっかり！！」

観客　（えーー！！今来たばっかりーー！！）

早瀬　　来たばっかりーー！！

上坂　「そこをーーー！なんとかーー！」

観客　（そこをーー！なんとかーー）

早瀬　さすがですね！

上坂　いいですね、もう慣れてきました。

早瀬　慣れてますね。

上坂　今何分ですか？

早瀬　あ、やばい、やばい！

上坂　な、な、何分だろう？大丈夫かな？

早瀬　帰れなくなっちゃうから。

上坂　オンタイム！？嘘～！やった！！

観客　（拍手）

上坂　今、19時40分だから全然帰れる〜！良かったです。今回はここまでです。お相手は上坂すみれと、
早瀬　アシスタントの早瀬かなでした〜！
上坂　また来週お会いしましょう！さようなら〜！До встречи！
早瀬　До встречи！

上坂すみれインタビュー②

――まず斎藤さんの印象を伺いたいのですが。

斎藤さんは今でも「冷戦に生きてる」ようなオーラをたたえているのが、さすがソ連をずっとウォッチしている方だと思いましたね。まだ壁が倒れていないというか、戦争が続いている感じで痺れました。とても魅力的な方でした。

――ウォッカの話が長かったですね。

そして、それがスクープに繋がったと。米原万里さんのエッセイに書いてあった、「ウォッカを飲むことでロシア人と仲良くなる」という事は本当にあったんだなと。私がロシアに行ったときは、「最近のロシアの若い人はウォッカをそんなに飲まないよ」って話を聞いてちょっとしょんぼりしていたところに、こんなウォッカトークが聞くことができて。ウォッカを飲むことで絆のレベルを上げ、有力な情報を聞き出す！これぞソ連にいた新聞記者です。ソ連を調べるってガッツが必要な感じしますよね、命の危険が多そうですから。

――タイヤをパンクされたり。

地味だけどとても効果のある方法でしたね。ロシアのやり方って、地味だけど効果は絶大！みたいなことが多くて。宇宙空間で鉛筆を使ったって逸話がありますけど、とても合理的なところがあるのでさすがだなあと思います。

――スターリンゴシックの話にもなりました。今回、モスクワ大学とウクライナホテルの写真を掲載しているんですけど、たしかにドコモタワーですね。

逆に代々木のドコモタワーを作った人に聞いてみたいですね。「絶対これ、スターリン建築でしょ？」って。星をつけようとして却下されたんじゃないかな。

――東京都庁とは違いますものね。

そう、あのモダンとは一線を画した1950年台のような雰囲気が感じられて、ライトアップも不気味でいいですね。あそこだけ禍々しい、赤のオーラを感じます。ライトアップもオレンジのときはありますけど、真っ赤なライトアップも一度見てみたいですね。

――ブレジネフ時代の“ゆるふわ”さについても話題になりました。

ブレジネフ時代は大学に入って勉強したんです。ロシアの地方新聞を読む授業だったんですけど、そこでソ連時代を生きてきた人々にアンケートをとった記事ではブレジネフ時代が人気だったんです。停滞の時代といわれるけれども、生活は何不自由なかったとか、ゴルバチョフ時代よりは遥かに楽、とかロシア人しか知らない話がたくさんあって。本当に何も起きない。外交的にはいろいろあったとは思うんですが、内政面では4コマ漫画の世界だったと思います。『まんがタイムきらら』で今何を連載しているんだろう。ブレジネフのマンガ、描いてくれないかなあ。『ひなこノート』の絵柄で描いてほしいです。「ブレジネフノート」みたいな。あ、それだと違うノートみたい。ブレジネフ・ドクトリン、の感じになっちゃう。

――あとは「プーチンさんお渡し会」があったら？と。

私はちょっと行けないですね。これは“推しの美学”の世界だと思うんですけど、“推しに会いたい人”と“遠くから見ていたい人”とがいて、私は遠くから見ていたい派で、お渡し会レポとかを読むタイプなんです。実際に自分が行くと何もできなくなるから。でも、もしプレゼントボックスがあったらプレゼントをいれますね。何入れたらいいんだろう、プーチンさんのプレゼントボックス。熊？秋田犬を入れましょうか。プーチンのプレボ、何が入っているのか見てみたいです。

――チェキ会とかはどうですか？一瞬だったら大丈夫かも。

プーチンさんと2ショットチェキ、いいですね！それなら行きたいです。一瞬で終わりますし、ずっと思い出も残りますしね。

番組紹介

上坂すみれの文化部は夜歩く

声優・上坂すみれがパーソナリティー、アシスタントパーソナリティーを早瀬かなが務める「日本一知的なアニラジ」。毎週木曜日深夜0:30からラジオ大阪にいて放送後、ニコニコ動画の「上坂すみれの文化部は夜歩くチャンネル」でも配信される。このイベントの内容そのままに様々なジャンルのゲストを毎週迎えてディープなトークを展開するラジオ番組である。

■2016年12月～2017年6月のゲスト

第37～38夜：清水愛（声優・女子プロレスラー）
第39～40夜：金子賢一（Kサプライ）
第43～44夜：テリー植田（東京カルチャーカルチャー・プロデューサー）
第45～46夜：栂尾博志（日本ラジコン戦車道連盟・主宰）
第47～48夜：キャシー（ALICE and the PIRATES・デザイナー）
第49～50夜：徳永泰敏（グラフィックデザイナー）
第51～52夜：齋藤勉（産経新聞社）※公録回、本書第二部に収録
第55夜：アブドーラ小林・岡林裕二（大日本プロレス）
第56夜：多田将（物理学者）
第57夜：吉川和篤（軍事研究家・イラストレーター）
第58夜：山田将史（鉄道旅行家）
第59夜：岡尾貴洋（アニメ監督）
第60夜：牛島えっさい（コスプレ評論家）
第61夜：高橋道雄・中座真（日本将棋連盟棋士）

◎本書スタッフ
アートディレクター/装丁：岡田章志＋GY
写真提供：サンケイスポーツ
編集協力：深水 央、飯嶋玲子、松田昌美
デジタル編集：栗原 翔
表紙イラスト：みすみ

●本書の内容についてのお問い合わせ先
株式会社インプレスR&D　メール窓口
np-info@impress.co.jp
件名に「『本書名』問い合わせ係」と明記してお送りください。
電話やFAX、郵便でのご質問にはお答えできません。返信までには、しばらくお時間をいただく場合があります。なお、本書の範囲を超えるご質問にはお答えしかねますので、あらかじめご了承ください。
また、本書の内容についてはNextPublishingオフィシャルWebサイトにて情報を公開しております。
http://nextpublishing.jp/

●落丁・乱丁本はお手数ですが、インプレスカスタマーセンターまでお送りください。送料弊社負担に てお取り替えさせていただきます。但し、古書店で購入されたものについてはお取り替えできません。
■読者の窓口
インプレスカスタマーセンター
〒 101-0051
東京都千代田区神田神保町一丁目 105番地
TEL 03-6837-5016／FAX 03-6837-5023
info@impress.co.jp
■書店／販売店のご注文窓口
株式会社インプレス受注センター
TEL 048-449-8040／FAX 048-449-8041

上坂すみれの文化部は大阪を歩く

2017年9月1日　初版発行Ver.1.0（PDF版）

編　者　上坂すみれの文化部は夜歩く
編集人　山城 敬
発行人　井芹 昌信
発　行　株式会社インプレスR&D
〒101-0051
東京都千代田区神田神保町一丁目105番地
http://nextpublishing.jp/
発　売　株式会社インプレス
〒101-0051　東京都千代田区神田神保町一丁目105番地

印刷・製本　京葉流通倉庫株式会社
Printed in Japan

ISBN978-4-8443-9789-2